U0094138

金相旭 著

金相旭高中时的理想是当一名量子物理学家。之后毕业于韩国科学技术院（KAIST）物理学专业，并获得了同一所研究生院的博士学位。曾任浦项工科大学、韩国科学技术院、德国马克斯·普朗克复杂系统物理研究所研究员、首尔大学BK助理教授、釜山大学物理教育系教授。目前任庆熙大学物理系教授。出演过《tvN懂也没用的神秘杂学词典》和《tvN星期五星期五晚神奇的科学世界》等节目。

金振赫 绘

金振赫是一位喜欢漫画和电影的绘画家。绘制了许多网络漫画，也计划出版单独的漫画作品。他十分热爱生活，接下来的目标是不断画出新颖多样的漫画。

- **注意用电安全**

  现在有很多电子产品里面都安装了安全装置，让人们使用时更加安全。因为人的身体是可以导电的，所以一旦发生触电的情况，我们的身体必然会受到伤害。希望大家可以通过这本书对物理知识有所了解，知道电虽然给我们的生活带来了便利，但如果不安全使用的话，电同样会给我们带来伤害。

- **节约用电**

  虽然能量在宇宙中无处不在，但我们生活中使用的能量却是有限的。我们主要以电的形式使用能量。那为什么要节约用电呢？当我们把热能转化为电能时会产生很多热量，但这些热量大部分会在空气中流失。这些流失的能量就无法再利用了。那么你知道发电站在发电时产生的一些副产物会使地球变暖吗？为了能够长时间使用这些我们人类赖以生存的能量，更为了保护地球的环境，我们一定要节约用电。

暴躁的电

〔韩〕金相旭 著 〔韩〕金振赫 绘
汪洁 译 余恒 审

電子工業出版社
Publishing House of Electronics Industry
北京·BEIJING

想要玩游戏机，就得先打开电源。

只要按下开关，电线里的电就会进入到游戏机里。

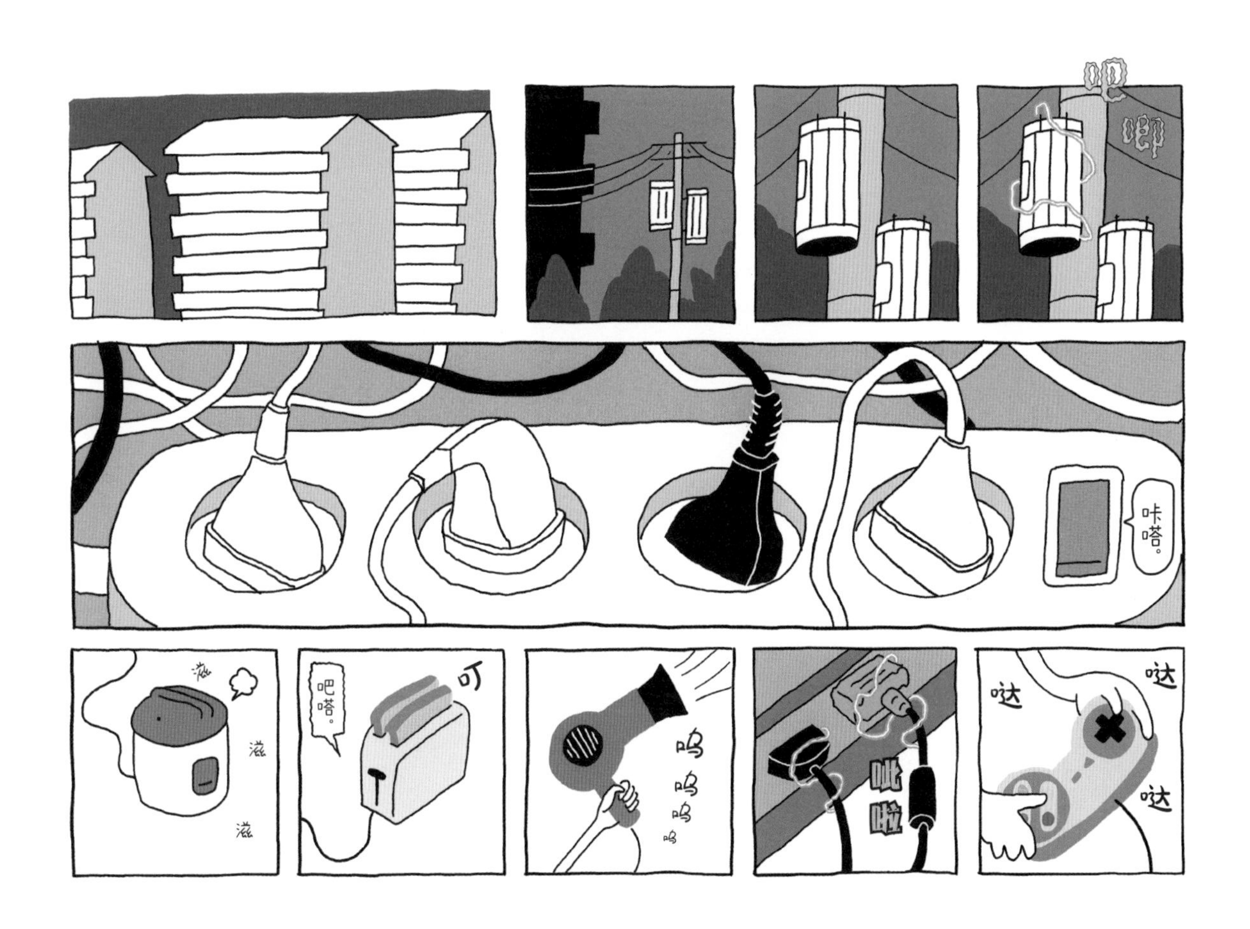

我们每天都要用电。

电是如何来到我家的呢？

10
9
8
7
6
5
4
3
快起来，快点！
2
1
啪
真是的！你俩还不睡觉啊？
别玩儿太久了，我先睡了啊。
……
黑屏了……
妈！你是不是把电源插头拔了？
没有啊！
骗人！
我没骗你！

电的能量很大，它可以沿着粗粗的电线进入到家里。
在进到家之前，电流的力量是非常大的。
电压也比到家后高数千倍、数万倍。

为了让电流安全地传输，我们要建造输电塔并使用粗粗的电缆。

强大的电流是从哪里来的呢?

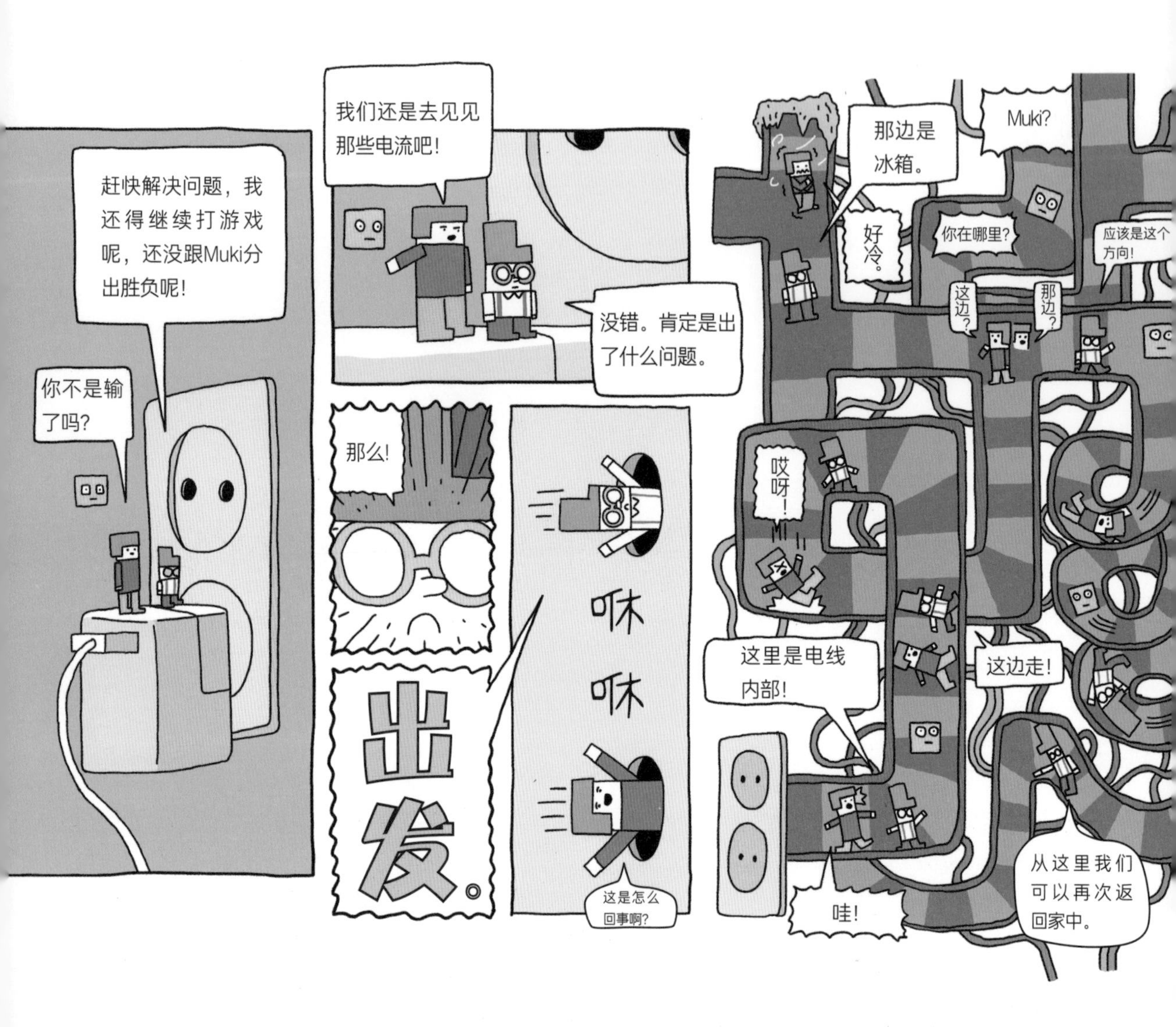
赶快解决问题，我还得继续打游戏呢，还没跟Muki分出胜负呢！
你不是输了吗？
我们还是去见见那些电流吧！
没错。肯定是出了什么问题。
那么！
出发。
咻
咻
这是怎么回事啊？
那边是冰箱。
Muki?
好冷。
你在哪里？
应该是这个方向！
这边？
那边？
哎呀！
这里是电线内部！
这边走！
哇！
从这里我们可以再次返回家中。

我想回家……
好奇怪，没有电流呀?
电流长什么样?
好像是长这样……
哎呀!
本来应该沿着电线一直工作，但大家都去哪里了呢?
好累呀!
快点来!
Muki！转换成火箭模式!
火箭?
呃啊啊啊啊啊啊啊啊啊!!
哐
嗞
嗞
找到了！电流出现了。
嗯?
人类进来了！抓住他们！！
咻
咻
咻
咻
不，把他们赶出去！！！
快逃吧！！
为什么会这样?！

强大的电流来到了发电站。

发电站是如何发电的呢？

发电站里有巨大的发电机。
燃烧煤会产生水蒸气，利用水蒸气的力量就可以转动发电机发电。

蒸汽推动发电机运转的原理与烧水时壶盖咣当、咣当跳动的原理相似。

中国的电力主要由火力发电站制造。

煤炭让火力发电站运转起来。

那么煤的能量又是从哪里来的呢？

煤埋在深深的地下。
人们得钻个洞才能把煤挖出来。

煤为什么存在于地下？

噗
咻
嘎巴
嗡嗡嗡
嗡嗡嗡嗡
咕
呼，
活下来了。
咚
哇！
飞起来了！
Muki呢？
呃……
在哪里啊？
它在下面！
扑通
咕嘟
咕嘟
100%充能完成！

煤主要形成于3亿年前。
甚至在恐龙出现之前煤就已经形成了。

3亿年前的植物长得像蕨菜，但体型却是非常巨大的，可以说是十分茁壮地成长着。

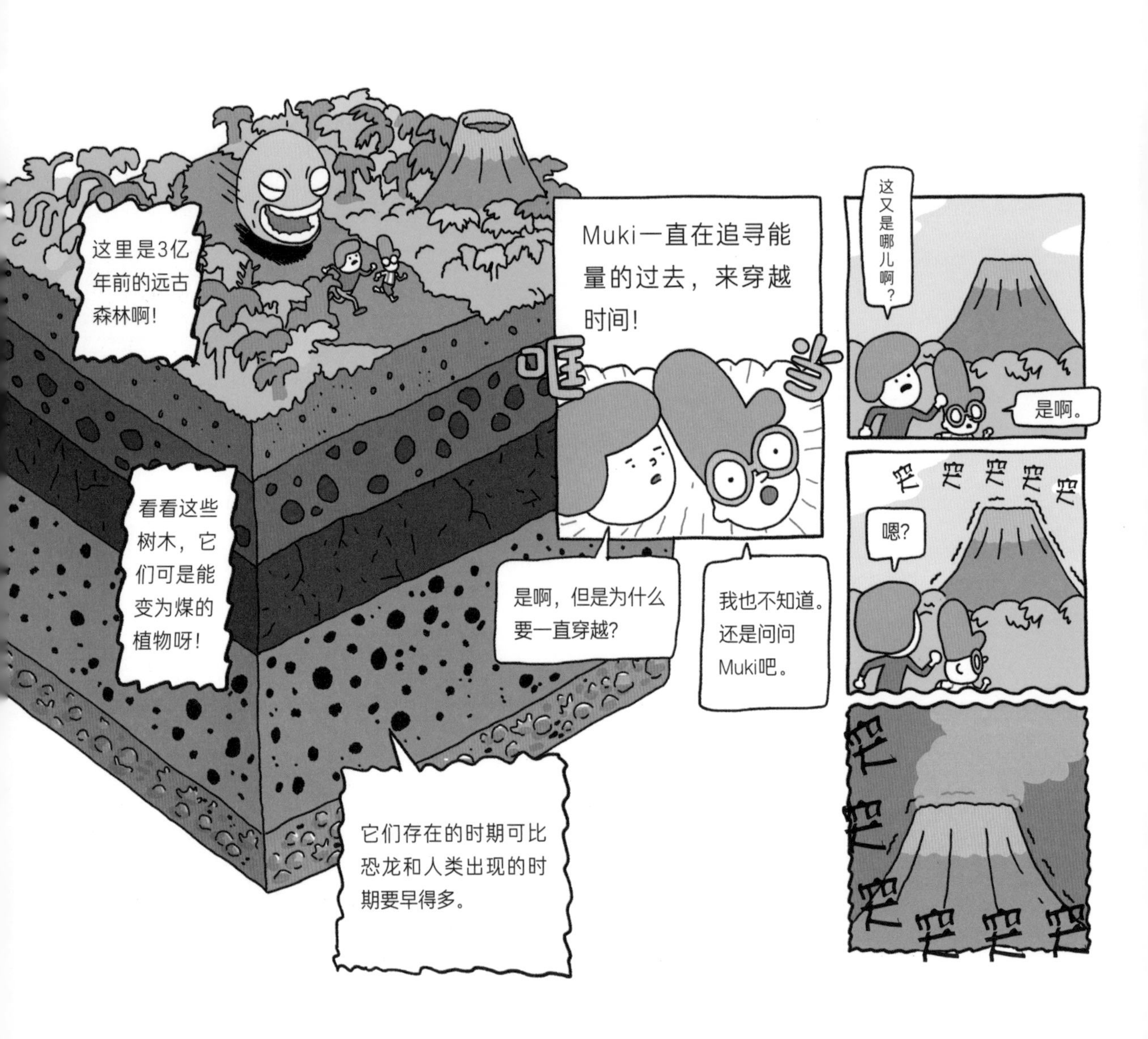

有着脆弱树根的古树倒下了，被埋在了地下。
这个时期，由于没有能让植物快速腐烂的微生物，
所以没有腐烂的植物被长时间埋在了地下。
这些植物在炽热的土地中经过复杂的变化最终成为煤。
也就是说，我们现在的煤是由植物变化而来的！

植物如何能够茁壮成长？

植物的生长需要水和阳光。

在阳光的强大作用下，植物的绿叶进行着光合作用。这是一种自我产生能量的过程。所以煤里的能量来自太阳。

那么，

太阳是如何产生的呢？

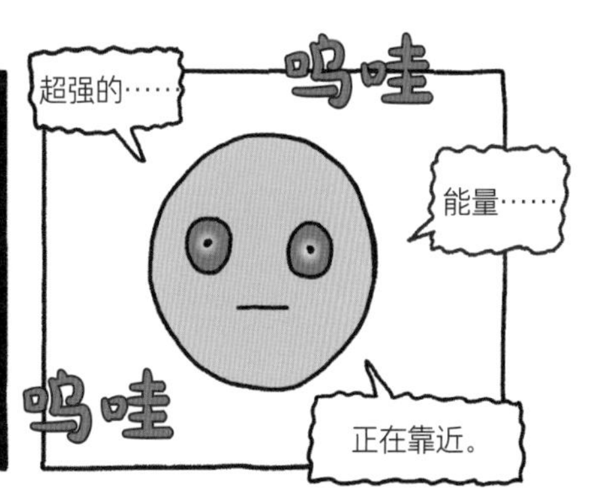

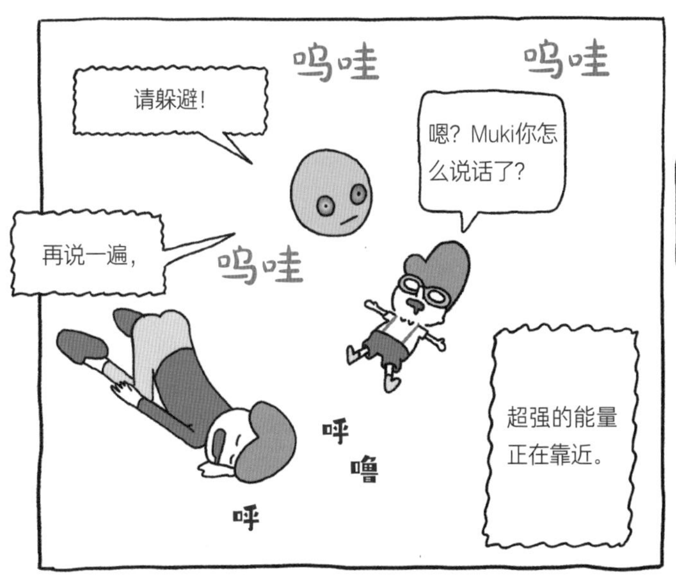

空——
呜哇
呜哇
怎么什么也没有呀?
竟然什么也没有！这样的空间存在吗?
嗯
嗖
咕
咚

你知道人类有多折磨我们吗？
呵
呵
呵
呵
呵
呵
呵
好累……
完了！都追到这里来了！
惊醒
流泪
啊呜呜呜呜
呜
哇
呜
哇
是你把它弄哭的吗？
呜呜，好累啊。
我太累了！！！
我们电流从白天到黑夜，一整天都在工作，从来没有休息日！！
我们在手机里、计算机里，还有所有用电的地方，一天到晚一直在工作。你们知道这是一种怎样的心情吗？
我们再也不想这样活下去了！！

呜 呜 呜 呜
呼
嗯。
太不幸了……
哭
咚！
之前一直发出“呜哇、呜哇”声的Muki，好像说了些什么？
啊！
Muki?!
Muki你怎么了？
不会死了吧？！
好像是太累了，
没能量了……
好像在说什么
正在靠近
中……
呃！
闪
好晃眼啊！
烁

咻
刺
啦
刺
啦
咻
宇宙大爆炸，
咻
倒计时
10秒。
咻
咻
什么？宇宙大爆炸？给我们带来最初能量的大爆炸？
10
9
这可是让宇宙诞生的大爆炸啊！！
太可怕了！
8
怎么办？一点办法也没有！
咻
滚动
咻
怎么办？！
7
我也不知道！
我有办法！
6
嗯？
5
什么？

4
3
2
我也是能量。请利用我，救救那个黄色的朋友吧！
但是，要答应我一件事。
如果你们能够回家，请尽可能在近的地方找一下能量源。
发电站的距离太远了，我们电流移动起来太累了。
一定要答应我！
流泪
嗯？
插
好吧！
咻咻咻咻咻
呃啊啊啊啊啊！
啊！
闪耀
能量注入完成！Muki启动中。
得救了！
噼里啪啦
快点！快点！快点！！！马上就要爆炸了！没时间了！
1

宇宙

138亿年前发生了巨大的爆炸。
宇宙大爆炸产生了非常巨大的能量。

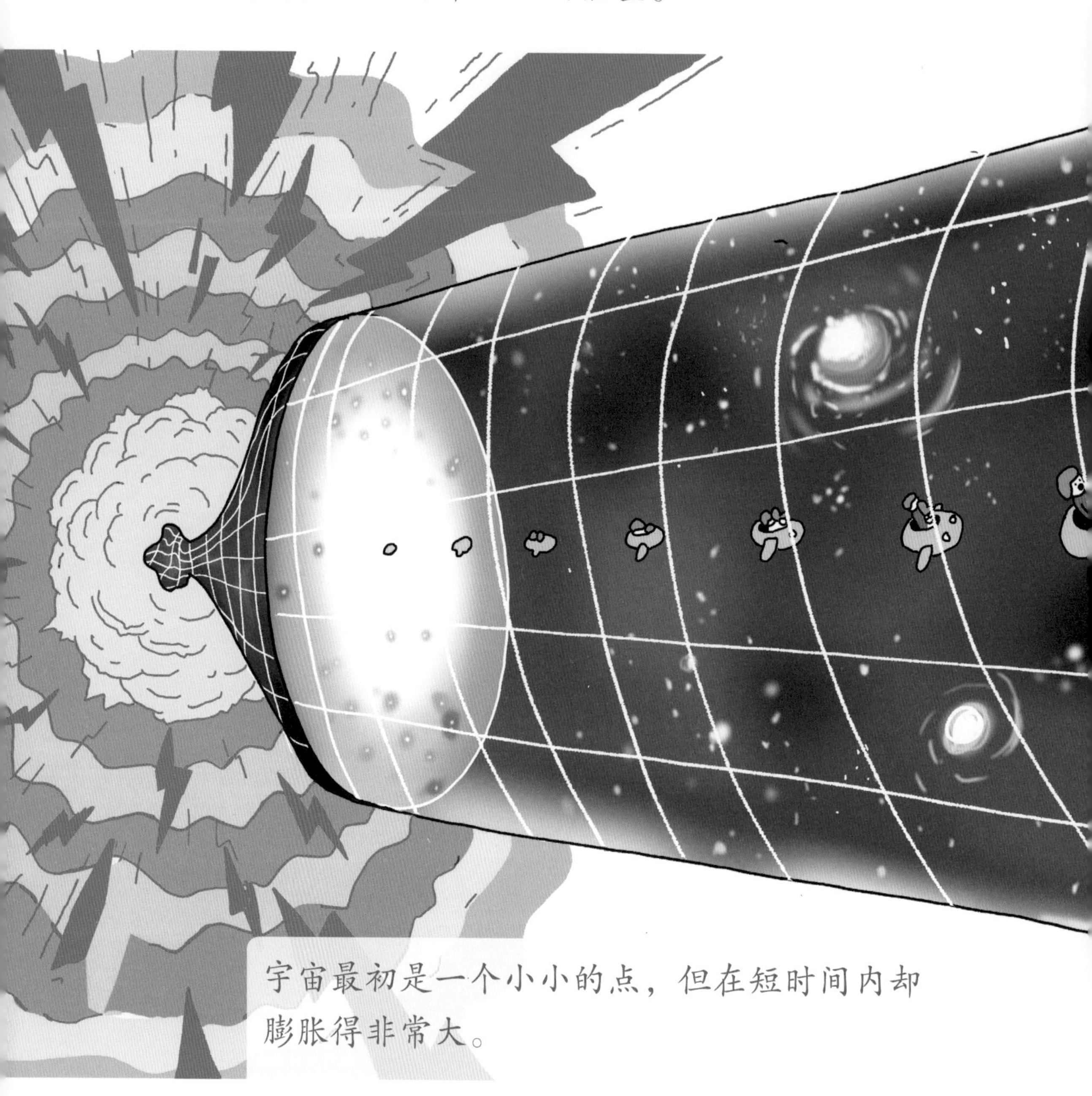

宇宙最初是一个小小的点，但在短时间内却膨胀得非常大。

我们现在的宇宙就源于这场大爆炸，
宇宙自诞生后就一刻不停地运动着。

随着时间流逝，宇宙逐渐成为美丽的地方。

太阳的燃料就是来自在宇宙大爆炸时产生的氢。

太阳是一个巨大的“氢弹”。

太阳中的氢频繁地交汇和碰撞，释放出巨大的能量。

太阳是一个热气团，它自身也在不断地爆炸着。

宇宙大爆炸后又过了很久很久，太阳诞生了。
我们的地球也是在这一时期诞生的。

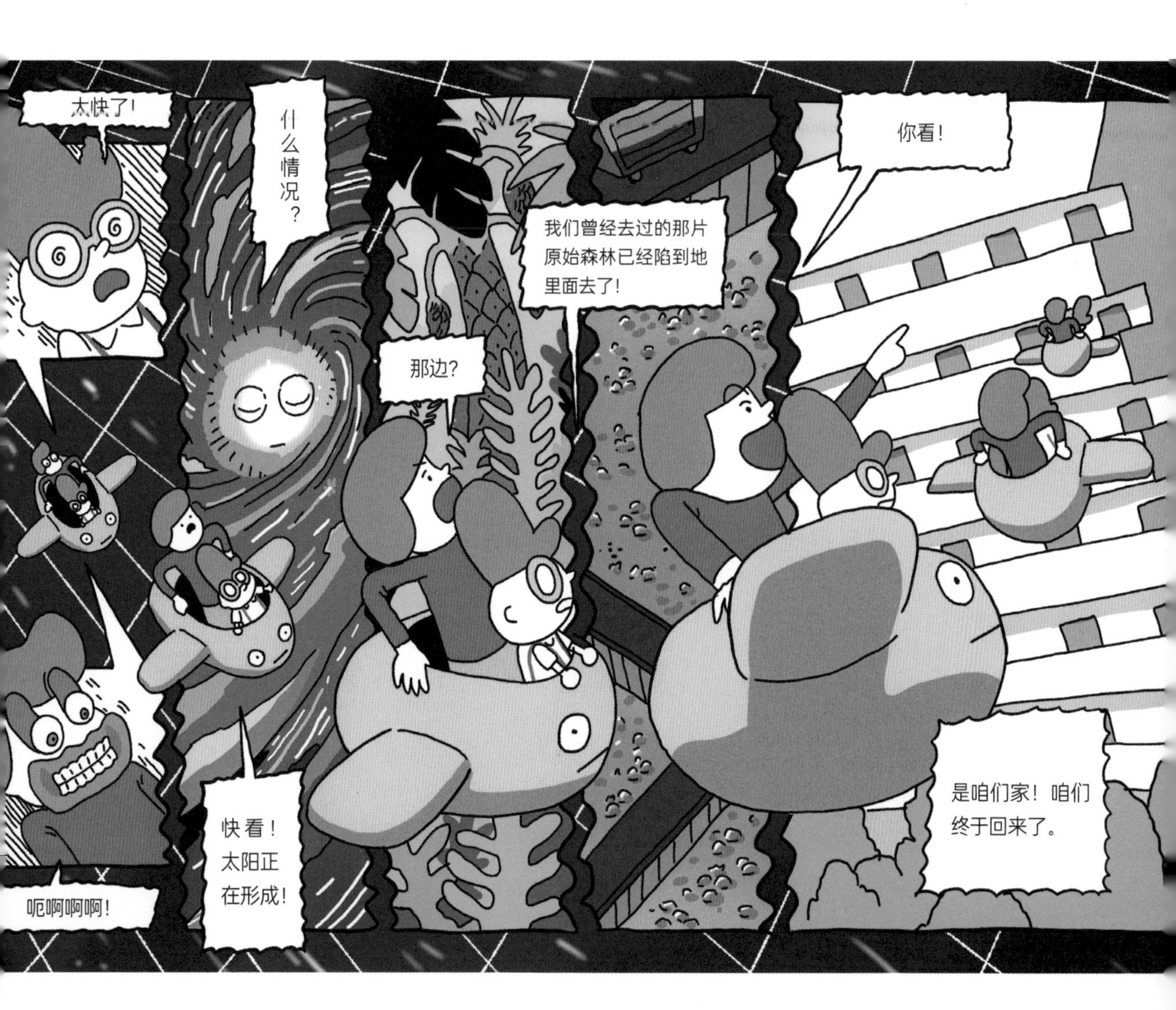

太阳诞生的时间大约在距今46亿年前。

我们现在的能源大部分来自煤、石油和天然气。煤是古代植物被地壳运动埋入地下并经过漫长的时间演化而来的；石油和天然气是古生物在地下经过漫长变化而形成的，所以煤、石油和天然气被称为化石燃料。如果这些化石燃料用完了，它们是不会再生的。化石燃料燃烧后可以变成能量，但也会随之产生各种有害气体。因为这些有害气体里有伤害人体的细微颗粒物，所以科学家们正在寻找那些可以长时间使用，并能够释放大量能量且副产物少的能源来代替化石燃料。

城市中能够使用的能源有哪些呢？城市里没有海浪，也没有瀑布那样水流大的地方，所以很难进行水力发电。城市也不像山区或海边时常刮风，所以也很难进行风力发电。通过核裂变产生能量的核电站在发电时会产生有很大危险性的废物，一旦发生泄漏或爆炸就会给人带来生命危险，所以核能发电也不行。那么我们生活的城市里唯一能够建造的就是太阳能发电站了。

现在地球上的光能都来自太阳。太阳是一颗能够发光的恒星，它在今后的70亿年里也会持续燃烧发光。而且我们的地球也一直绕着太阳转动，所以我们利用太阳能进行发电是最佳的选择。

啊，对了。利用人或动物的粪便也是可以发电的，卫生间里的粪便也是家家户户每天产生的可持续能源材料。我想制作一个能够连接马桶的微型发电机，这样家家户户就都能发电了。总有一天，我一定会制作出来的。

为了能让整个公寓的人都用上电，我制作了一台很大的太阳能发电机。

只用这一台发电机就能给我们整个公寓供电吗？

只要白天把电池充满并减少损耗就可以。因为距离越远，电传输时的损耗就越大，所以我们制造出了性能更好的电池以减少电力的损耗。

你是什么时候这么了解电的？

从宇宙大爆炸的时候？

啧，行吧。辛苦你了。

现在可以玩游戏了吧？

来充电吧！
啊，不对，
让我们和宇宙大爆炸连线吧！

啊，真棒！
还是家里好，对吧？
话说回来，你不玩游戏了吗？
嗯？
嗯……
休息一下。

宇宙大爆炸之前都有什么？
我们目前了解的只有宇宙大爆炸和这之后的一些事情。
宇宙大爆炸之前的事情我们一无所知。

宇宙大爆炸是打开宇宙的开关。

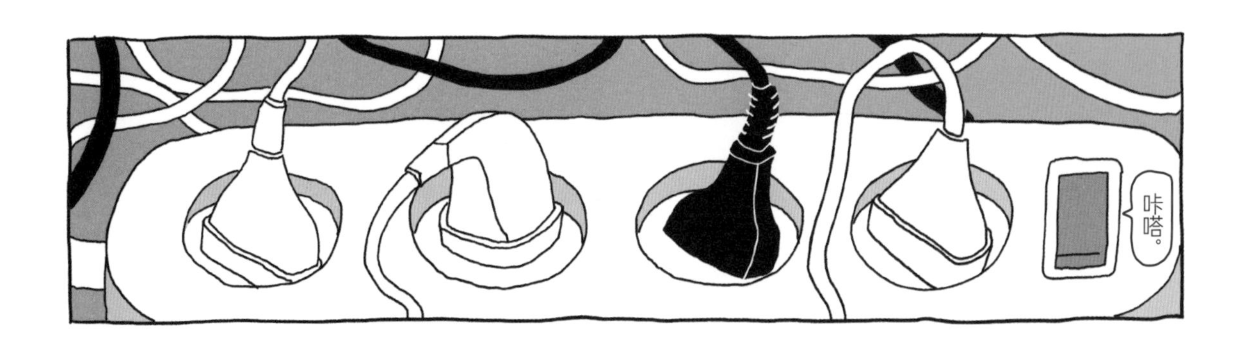
咔嗒。

Muki，你为什么带我们去看宇宙大爆炸啊？
这场大爆炸与我们有什么关系呢？

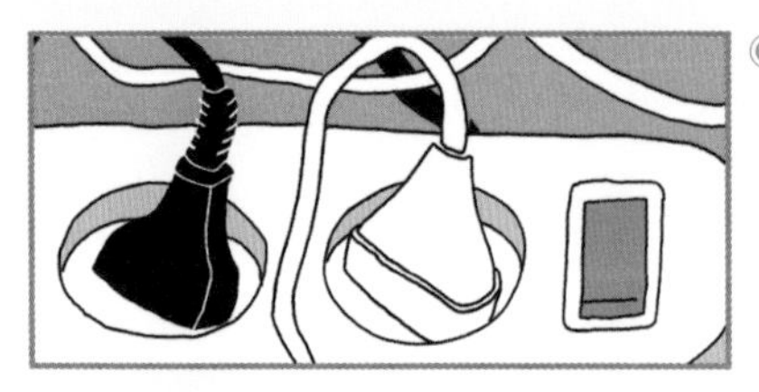

◉ 电从墙上的插座出来，
插上插头就可以用电了。
那让我们来思考一个问题吧，
墙体内的电流是从哪里来的呢？

◉ 变压器是转换电压的机器。
路边的电线杆上就有变压器。
这种变压器可以把从发电站传输过来的高压电转换成220伏特。

伏特：用于计量电压大小的单位。

◉ 发电站用煤等燃料制造高达数千伏特的高压电，然后把电压调到几十万伏特后，输送到电线里。这么做可以防止电的损耗。
输电塔把电缆架在高处，最终把电送到千家万户。

◉ 发电站用的煤储藏在地下深处。
3亿年前，植物还没有被分解就直接被埋在地下，经过地壳的运动与漫长的演变最终形成煤炭。

◉ 煤曾经也是植物。3亿年前，地球上有许多植物被埋在了地下。
植物需要阳光才能产生能量。
所以煤是埋在地下蕴含着太阳能量的植物。

◉ 太阳诞生于约46亿年前。
主要由氢元素组成的太阳是炙热的。这些氢元素相互碰撞，产生新的物质，直到现在仍然在制造出巨大的能量。那么组成太阳的氢元素是从何而来的呢?

◉ 组成太阳的氢元素是在宇宙大爆炸时产生的。
氢是宇宙诞生后产生的第一个元素。
它结构简单，在宇宙中的含量也是最多的。
太阳的燃料是因宇宙大爆炸而来的。我们身体里也有大量的氢元素。
换句话说，我们体内的能量也可以说是因宇宙大爆炸而来的。

我们使用的所有物质和能量最终都能和**宇宙大爆炸**联系在一起。

让我们来一起学习科学吧

● 不能间断

一提到物理，很多人就会想到运动、力、能量等方面的计算难题，因为我们的物理教材就是这样编写的。物理研究许多东西，对于电的研究也是其中之一。在现代社会，人类没有电是很难生存的。

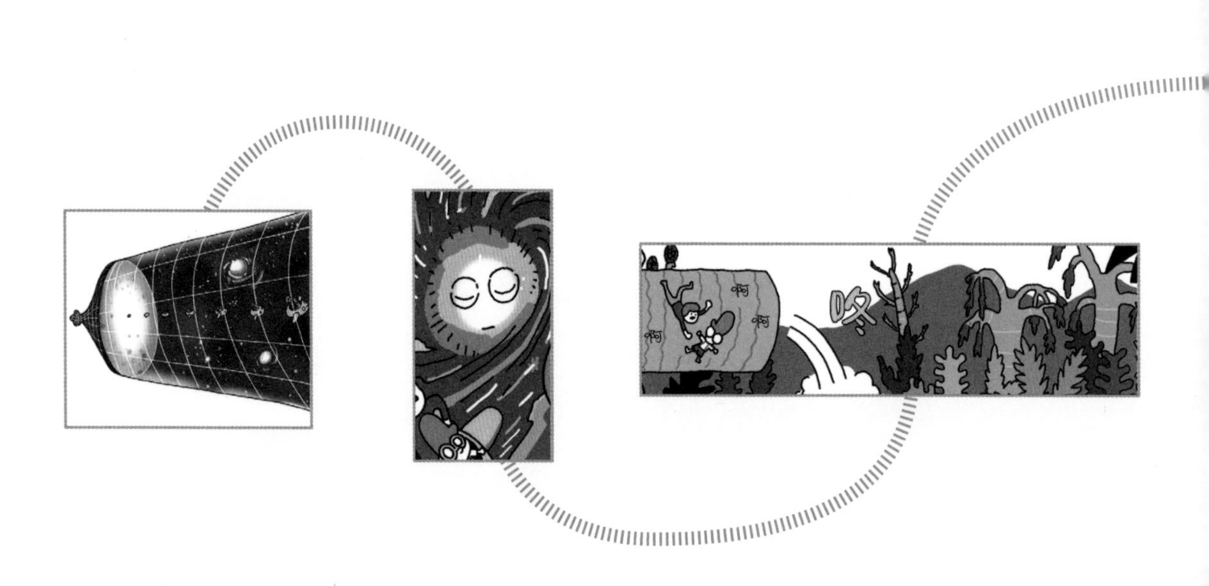

物理其实没有那么难。我们对物理的学习不应该局限于教科书，在我们的生活中处处都有能够用到的物理知识。但是，我们对每天使用的电还是不够了解。电无法用眼睛看到，只要把开关打开，随时都会有电，所以我们不会经常思考电能是否充足。

要想真正地理解游戏机或手机里的电，我们就必须对物理、化学、生物学和天文学等有所研究。就像这本书中提到的插座、变压器、电线、发电站、煤、植物、太阳和氢元素等，这些都与宇宙大爆炸有联系。在这个纽带中，任何一处断裂，都难以维持现在的文明。

我们现在用100多亿年前宇宙大爆炸产生的能量做着我们想要做的事情。读完这本书，你如果可以把看似与宇宙大爆炸毫无关联的一些事物互相联系起来，说明你的物理学习能力已经提高了。万物都是从宇宙大爆炸开始的，从宇宙大爆炸开始的历史，就叫作“大历史”。

中国从2022年开始要求新建建筑群及建筑的总体规划应为可再生能源利用创造条件；韩国从2025年开始，新建建筑中的所有能源供给要求达到自给自足；欧盟内所有新建筑从2030年起将尽可能由可再生能源供电。这也是我们要更加了解电、了解新能源的原因。

● **从现在开始以宇宙为单位进行思考的“大历史”**

如果你不是很了解宇宙大爆炸的话，那让我们换一个角度想一想：把地球的历史从46亿年缩短到1年怎么样？假设海洋中最初的生命体诞生于2月26日，这些生命体在11月20日才初次登上陆地。恐龙诞生于12月14日，人类则在12月31日晚上11点45分才登场。以这样的时间单位来重新思考我们宇宙的历史会不会更简单易懂呢？

历史通常以人类为中心，主要是人类开始使用文字记录后的历史。但是，我们人类只是地球上无数生命体中的一类。我们宇宙的历史早在人类产生之前就已经存在了。那这一部分的历史与我们有什么关系呢？就像这本书里所讲的，研究我们使用的电的根源，就一路探寻到了开天辟地的宇宙大爆炸。大历史就是让我们从宇宙的起点开始思考的人类史。

大历史是同时观察人类、宇宙、人文和科学的综合性学科，有些成年人学起来都会觉得有些难，但小朋友们的想象力更丰富，学习起来可能会轻松一些。

● 我们怎样了解宇宙大爆炸呢?

不只是物理学家，大家也对世界的初始感到好奇。现在我们知道了，宇宙是由138亿年前的一场大爆炸产生的，此后我们的宇宙就一直在膨胀。这又是怎么知道的呢?

这可不是物理学家坐着时光机穿越回过去知道的，而是他们找到了证据。例如，现在宇宙的银河系正在渐渐离我们远去，物理学家认为这是宇宙不断膨胀的结果。除此之外，我们还有证明宇宙大爆炸存在的证据，比如宇宙中被叫作“宇宙微波背景辐射”的无处不在的微弱光线，也正是因为宇宙大爆炸才能出现。诺贝尔物理学奖就颁给了发现这种光线的科学家。因为物理学家们发现了许多诸如此类的证据，所以他们相信宇宙是从大爆炸开始的。

那宇宙大爆炸之前又有些什么呢?这个还没有人知道。在宇宙大爆炸之前，既不存在时间也不存在空间。这很难想象吧?其实像我这样的物理学家也不能完全理解。总之，宇宙现在也还在膨胀，预计以后也会一直膨胀下去。

我们探寻历史不能只以人类为中心。我们了解宇宙大爆炸之后再去研究历史的话，对世界的理解就会更加广阔和深远。

● 宇宙大爆炸的“声音”

宇宙大爆炸是瞬间发生的。爆炸的时候我们总会听到声音，但宇宙大爆炸时却是没有声音的，只有宇宙在不断地膨胀。最开始宇宙的温度是非常非常炽热的，这种热是我们无法想象的。随着宇宙的持续膨胀，物质和时空出现了，炽热的温度也逐渐下降，产生了我们知道的氢元素。

宇宙大爆炸意味着宇宙的诞生。宇宙大爆炸这个名字最初是那些不相信这一理论的科学家们起的带有讽刺意味的绰号。当时许多科学家更倾向于稳态宇宙理论，认为宇宙是恒定不变的。所以他们难以相信广阔的宇宙是由豆粒大的一个点爆炸后形成的。但是没想到的是，这种讽刺和批判到最后真的成了宇宙起源的主流理论。

科学家们接受宇宙大爆炸理论也不过只有50年的时间。我们目前所熟知的大部分科学理论并不是所有人一开始就能够接受的，特别是把原来知道的或者认为对的观点改掉是最不容易的，比如在400~500年前，几乎所有人都相信地球是宇宙的中心。

● **有问题，就需要科学地寻找答案。这样学习才会变得更加幸福。**

读完这本书，不知道有没有想要去进行时间旅行的同学。其实，我也想乘坐时光机回到过去，看一看恐龙到底长什么样子。但是，从物理学的角度上讲，我们是不可能回到过去的。为什么呢？因为时间已经定好了方向，只能向前走。继续学习物理的话，就会知道时间只会往前走的原因啦。

说到这里，我们这次旅行和学习的时间也即将结束了。这是一次把日常生活和宇宙大爆炸连接在一起的有趣旅行。日常生活中人们喜欢互相分享自己知道的一些知识。写这本书的原因也是为了和那些刚刚开始学习物理的小同学们分享我所知道的物理知识。

我们要经常提问题，就像“电是怎么产生的？”这一类问题就很好。然后就需要科学地寻找答案。有的时候，想象力也是很重要的。比如，煤是3亿年前的植物演变而来的，当我们看到眼前黑黑的煤的时候，就需要发挥我们的想象力。用这样的方式提问并寻找答案，相信在不知不觉间你就会知道宇宙的奥秘。当科学家是一件很幸福的事情，希望小朋友们也能通过学习科学而变得幸福。

版权贸易合同登记号 图字：01-2022-3385

图书在版编目（CIP）数据

奇妙的宇宙大爆炸之旅. 暴躁的电 /（韩）金相旭著；（韩）金振赫绘；汪洁译. --北京：电子工业出版社，2023.4
ISBN 978-7-121-44823-2

Ⅰ. ①奇… Ⅱ. ①金… ②金… ③汪… Ⅲ. ①“大爆炸”宇宙学—少儿读物 ②电—少儿读物
Ⅳ. ①P159.3-49 ②O441.1-49

中国国家版本馆CIP数据核字（2023）第015586号

责任编辑：张莉莉
印　　刷：北京利丰雅高长城印刷有限公司
装　　订：北京利丰雅高长城印刷有限公司
出版发行：电子工业出版社
　　　　　北京市海淀区万寿路173信箱 邮编：100036
开　　本：787×1092 1/16 印张：6 字数：43.6千字
版　　次：2023年4月第1版
印　　次：2023年4月第1次印刷
定　　价：90.00元（全2册）

凡所购买电子工业出版社图书有缺损问题，请向购买书店调换。若书店售缺，请与本社发行部联系，联系及邮购电话：（010）88254888，88258888。
质量投诉请发邮件至zlts@phei.com.cn，盗版侵权举报请发邮件至dbqq@phei.com.cn。
本书咨询联系方式：（010）88254161转1835。